AF357068

NOTE
SUR UN PROJET

DE

DISTRIBUTION GÉNÉRALE

D'EAU

DANS L'INTÉRIEUR DE PARIS.

DE L'IMPRIMERIE DE HUZARD-COURCIER,
rue du Jardinet, n° 12.

NOTE

SUR UN PROJET

DE

DISTRIBUTION GÉNÉRALE

D'EAU

DANS L'INTÉRIEUR DE PARIS;

PAR M. GENIEYS,

Ingénieur au corps royal des Ponts-et-Chaussées, attaché au
service de la distribution des nouvelles Eaux de Paris.

A PARIS,

CHEZ CARILIAN-GOEURY,

LIBRAIRE DES CORPS ROYAUX DES PONTS-ET-CHAUSSÉES ET DES MINES,

QUAI DES AUGUSTINS, N° 41.

1827

AVERTISSEMENT.

Le problème d'une distribution générale d'eau dans les différens quartiers de Paris, occupe depuis long-temps les esprits. M. Girard en a donné la première solution.

Cette distribution a trois objets principaux : le lavage des rues et des égouts, les concessions particulières, et l'embellissement des places et des promenades.

Pour les remplir, M. Girard propose de dériver 4000 pouces d'eau du bassin de la Villette, dans un aqueduc en maçonnerie qui se soutiendra à la même hauteur que ce bassin et qui contournera la partie septentrionale jusqu'à la plaine de Mouceau ;

De diviser la sol de Paris en douze quartiers, dont chacun sera approvisionné par une conduite particulière ;

De réunir les conduites principales affectées à ces douze quartiers, en trois faisceaux ou systèmes de distribution, dont chacun sera renfermé dans une même galerie, depuis l'aqueduc de ceinture jusqu'au grand égout, à partir duquel les différentes conduites de

a

chaque système se sépareront pour se porter directement sur les quartiers qu'elles doivent approvisionner ;

De renfermer les tuyaux de ces conduites sous des galeries voûtées depuis leur origine jusqu'à leur extrémité inférieure, en profitant pour la pose de ces conduites de tous les anciens égouts où elles pourront être placées sans inconvénient.

Sur ces conduites principales, devront être faits ensuite les différens branchemens destinés à porter les eaux au point culminant de chaque rue, pour en opérer l'arrosement et le lavage.

Enfin, ces branchemens devront porter eux-mêmes des rameaux plus petits, destinés à alimenter les concessions particulières.

D'après ce système, l'établissement des fontaines monumentales ou châteaux-d'eau à l'extrémité des conduites principales, devenait la partie la plus importante du projet, puisque ces monumens devaient contribuer à l'embellissement de Paris, et devenir ensuite des cuvettes de distribution pour le service des concessions particulières. Mais cette dernière destination n'aurait pas été complètement remplie : aussi M. Girard s'est-il contenté d'étudier la partie du projet relative au service public.

Les détails de son exécution ont été suivis par M. Égault, à qui l'on devait déjà la connaissance exacte du relief de Paris et des hauteurs de ses différens quartiers, au-dessus du niveau de la Seine.

Le montant des dépenses faites est de. . . . . 9,500,000^{f.}

Celles restant à faire est de. . 5,000,000

M. Mallet a traité la question d'une manière plus étendue, et rédigé un nouveau projet de distribution des eaux de l'Ourcq, qui présente l'ensemble des ouvrages à faire pour satisfaire le service public et les besoins des particuliers, en opérant une distribution à domicile.

Il suppose, comme M. Girard, qu'on dérive 7678 modules ou 4000 pouces d'eau du bassin de la Villette; mais il en affecte exclusivement 2000 pouces au service public et 2000 pouces au service particulier.

Chacun de ces services se divise ensuite en service inférieur, ou service des quartiers à la hauteur desquels les eaux dérivées du bas-

sin de la Villette pourront atteindre naturellement, et service supérieur, ou service des
quartiers où l'on ne pourra porter les eaux
qu'au moyen des machines.

La population de Paris se compose de
736,611 habitans, et chacun d'eux pourra
jouir de 57^{litres},843.

Les 2000 pouces que la ville s'est réservés
pour le service public doivent alimenter,

36 fontaines monumentales,

42 fontaines simples,

1060 bornes - fontaines,

Et les établissemens communaux, tels que
l'entrepôt des vins, les hôpitaux, les prisons,
les casernes, etc.

Voici l'exposé succinct des principales
bases du projet.

M. Mallet propose de prendre les eaux de
l'Ourcq au regard de la rigole d'embranche-
ment qui précède la galerie Saint-Laurent, et
de les jeter dans un tuyau de 1 mètre 50 centimètres de diamètre, qui descendrait le long
de la rue du faubourg Saint-Martin, jusqu'à
la rencontre de l'axe du boulevart. A ce point
il se diviserait en deux branches de 1 mètre

de diamètre qui se porteraient à droite et à gauche, en se dirigeant, l'une vers le pont Louis XVI, l'autre vers les ponts Marie et de la Tournelle, pour traverser chacune la Seine et venir se rencontrer sur la place de Saint-Sulpice, en formant ainsi une enceinte fermée.

De ce tuyau - réservoir partiraient des tuyaux dits *répartiteurs*. Sur ces répartiteurs seraient branchés d'autres tuyaux, dits *sous-répartiteurs*. Enfin, ces dernières conduites seraient accompagnées des tuyaux dits de service, et sur lesquels les particuliers pourraient brancher leurs tuyaux.

L'aqueduc de ceinture et les conduites exécutées jusqu'à ce jour, ne figurent pour ainsi dire pas dans ce projet, dont la dépense s'élève à la somme de. . . . 22,500,000^f.

M. Mallet, qu'un heureux concours de circonstances a mis dans le cas d'examiner les différens systèmes de distribution adoptés à Rome, à Venise, à Édimbourg et particulièrement à Londres; d'étudier les meilleurs procédés pratiques sur les lieux mêmes où ils recevaient leur application, est entré dans les plus petits détails. Son travail servira désormais de base à tous ceux qui s'occuperont de semblables recherches, et s'il laisse encore quelques points à éclaircir, c'est que cet ingénieur a cru devoir se renfermer dans les bornes d'un programme qui lui a été donné par l'administration et qui ne s'appliquait qu'à la distribution des eaux de l'Ourcq.

Mais la discussion qui a eu lieu au conseil des Ponts et Chaussées, a étendu le champ de la question et provoqué de nouvelles propositions. On s'est demandé s'il serait convenable de dépenser une somme aussi forte pour la distribution d'un volume d'eau dont on n'avait pas encore une jouissance assurée.

En y réfléchissant, on a senti la nécessité d'y ajouter un supplément de 2000 pouces d'eau de Seine, destinés à satisfaire les besoins des particuliers.

Ce nouvel élément introduit dans la question, cette nouvelle donnée d'un problème par sa nature indéterminé, doit naturellement conduire à quelque solution nouvelle.

Il se présente en effet plusieurs moyens pour la distribution de ces eaux, qui ont été indiqués par M. Mallet et par différens membres du conseil, dans le courant de la discussion.

Celui d'un système unique, en supposant qu'on les mélange ou qu'on les distribue alternativement.

Celui de deux systèmes distincts : les eaux de Seine étant exclusivement employées au service particulier, et les eaux de l'Ourcq au service public.

Enfin, celui d'un système qui tendrait également à distribuer séparément les eaux de la Seine et celle de l'Ourcq, et dans lequel le choix de leur destination, soit au service particulier, soit au service public, ne dépendrait pas uniquement de la nature de ces eaux, mais bien encore de la considération de la dépense.

Le premier système est le plus coûteux. Il aurait en outre le grave inconvénient de rendre inutiles tous les travaux exécutés jusqu'à ce jour, et d'exiger des entretiens très dispendieux.

Le deuxième serait plus économique, il est vrai ; mais en consacrant exclusivement les eaux de l'Ourcq au service public, et celles de la Seine aux besoins des particuliers, on multiplie les ramifications de tuyaux dans toutes les rues, on établit deux réseaux qui augmentent la dépense et les embarras qu'occasionent toujours les réparations d'entretien.

Le troisième est celui qui nous paraît satisfaire le mieux à toutes les conditions. En réservant, par exemple, les eaux de l'Ourcq pour le service public de la rive droite, on ne change rien au projet de M. Girard, dont on poursuit l'exécution, et l'on profite de tous les avantages que l'on avait reconnus à la pose des conduites dans des galeries voûtées.

La distribution des eaux de la Seine se ferait, sur cette rive, par un système semblable à celui de M. Mallet, qui s'applique plus spécialement à une distribution à domicile.

Sur la rive gauche, les deux services seraient alimentés par les eaux de Seine; car on ne concevrait pas que l'on voulût y conduire à grand frais un petit volume d'eau de l'Ourcq, que des résistances multipliées à l'infini, sur un aussi grand développement de conduites tendraient sans cesse à diminuer.

Nous allons essayer de répandre quelques lumières sur cette importante question, en la considérant toutefois d'une manière générale, et nous réservant de nous appesantir sur les détails dans une seconde note.

NOTE

SUR UN PROJET

DE

DISTRIBUTION GÉNÉRALE

D'EAU

DANS L'INTÉRIEUR DE PARIS.

L'ÉTABLISSEMENT d'un service régulier pour la distribution de l'eau dans les grandes villes, est un des besoins qui se font le plus sentir; aussi voyons-nous que de tout temps on a entrepris de grands travaux pour assurer l'approvisionnement de Paris. Ces travaux portent l'empreinte de l'époque où ils ont été conçus. Ils suivent les progrès des sciences et des arts; et s'ils n'ont pas toujours amené des résultats satisfaisans, il faut en accuser l'imperfection des connaissances, et quelquefois aussi le manque de ressources nécessaires pour les terminer.

On commença par diriger l'écoulement des eaux, qui, comme celles des prés Saint-Gervais et de Belleville, n'avaient qu'à suivre une pente naturelle pour arriver à leur destination. Ensuite on éleva les eaux de la Seine, d'abord en faisant usage de machines hydrauliques que le courant du fleuve mettait en mouvement, et plus tard au moyen de machines à vapeur.

Le haut prix de ces machines et la cherté du combustible empêchèrent sans doute de leur donner plus d'extension, et firent conseiller l'exécution du canal de l'Ourcq. On se flattait qu'une rivière navigable, amenée sur un des points les plus élevés de la capitale, fournirait des ressources inépuisables pour satisfaire à tous les besoins des particuliers et pour créer de nouveaux moyens d'embellissement. Malheureusement le canal est terminé, et l'on n'ose pas encore assurer que l'on jouira des eaux de la rivière qui doit l'alimenter. Ce qu'on ne peut affirmer, c'est que l'approvisionnement soit invariablement le même dans les différentes saisons de l'année, qu'il puisse résister à une longue sécheresse et à la perméabilité du terrain dans lequel on a creusé le nouveau lit; que la qualité des eaux ne soit pas altérée par les variations successives du volume et de la vitesse et par leur séjour prolongé dans les bassins.

D'un autre côté, les machines à vapeur ont éprouvé des améliorations sensibles depuis quelques années. De nouveaux procédés, en simplifiant leur construction et diminuant leur dépense de combustible, permettent d'élever l'eau à peu de frais à une très grande hauteur; de manière qu'il serait économique et très prudent de ne regarder les eaux de l'Ourcq que comme un supplément des eaux de la Seine, qui formeraient alors la base de la distribution.

Enfin les règles qu'on emploie pour déterminer les diamètres des tuyaux et les hauteurs des réservoirs, se déduisent de simples données de l'expérience qu'on n'a pas encore pu lier par des formules analytiques. Cette nouvelle cause d'incertitude rend plus difficile la solution d'un problème de sa nature indéterminé : je ne la crois cependant pas impossible. Les recherches que j'ai faites m'ont conduit à des résultats qui pourront au moins faire éviter des dépenses superflues, et, ce qui est peut-être plus à considérer, une grande perte de temps.

1. *Nécessité de fournir aux particuliers de l'eau de Seine.*

Il s'agit de fournir de l'eau dans toutes les maisons de Paris, d'alimenter les fontaines et les réservoirs qui servent à l'embellissement des places, et au nettoiement des rues et des égouts : ce qui comprend le service particulier et le service public.

On peut atteindre ce double but en dérivant les eaux du bassin de la Villette, ou en élevant l'eau de la Seine par des machines.

Le choix doit dépendre de la qualité des eaux, de la sûreté de la distribution et de l'économie dans la dépense.

Si l'on consulte le tableau de l'analyse de toutes les eaux qui se rendent à Paris, dressé par M. Thénard, on voit que les eaux de la Seine sont meilleures que celles de l'Ourcq. Cependant la différence est peu sensible, lorsqu'on puise ces dernières dans le lit même de la rivière au-dessus de Mareuil. Mais elles reçoivent dans leur cours, avant d'arriver à Paris, les eaux de la Beuvronne et de la Thérouenne, qui sont trop chargées de matières salines pour être potables; et suivant que la proportion dans le mélange est plus ou moins considérable, il en résulte une altération dans la qualité des eaux qui les rend plus ou moins impropres aux différens usages de la vie. De là le préjugé qui s'est établi contre les eaux qui sont portées par le canal de l'Ourcq; préjugé qu'il sera difficile de déraciner, et qui nécessairement exercerait une influence funeste sur leur distribution. On n'a reçu, pour ainsi dire, jusqu'à ce jour, que les eaux de la Beuvronne; et, au lieu de l'avouer hautement et d'attribuer à cette circonstance les inconvéniens qu'on trouvait à leur emploi, on s'est élevé contre ces plaintes. Que s'en suit-il? Qu'on réprouve indistinctement toutes les eaux amenées au bassin de la Villette, que les administrateurs des hospices et les habitans des quartiers où l'on pourrait maintenant se les procurer à peu de frais refusent de les employer. On ne s'en sert que dans quelques établissemens industriels; et l'expérience prouve tous les jours qu'il ne serait pas prudent de soumettre les consommateurs à l'impérieuse nécessité de les recevoir.

D'un autre côté, les eaux pluviales et toutes celles qui sont courantes contiennent une certaine quantité d'oxigène qui se renouvelle par le contact de l'air; mais si ces eaux viennent à être renfermées, si elles séjournent dans des bassins ou ne se renouvellent que lentement, il arrive presque toujours qu'au bout d'un certain temps la quantité d'oxigène diminue. Les matières animales et végétales que les eaux tiennent en dissolution, et dont la présence échappe à l'analyse, se décomposent: alors elles sont fades et mauvaises à boire; quelquefois même elles sont fétides. C'est dans l'été, lorsque les eaux couleront avec peine sur un lit fangeux et tapissé d'herbes marécageuses, que cette cause exercera son effet; c'est alors aussi qu'on regretterait vivement les eaux de la Seine, si l'on persistait à vouloir les exclure de la distribution (*). Nous en concluons que, sous le rapport de la qualité, l'eau de l'Ourcq ne peut pas

----

(*) Les craintes que je manifeste sont appuyées sur des faits. À l'époque où M. Thénard fit son travail, le canal de l'Ourcq n'était pas encore terminé; ce savant professeur ne put opérer que sur la réunion proportionnelle des eaux des différentes rivières qui devaient l'alimenter. Mais le mélange ne se fait pas dans le réservoir de la Villette. Il faut que les eaux parcourent, avant d'arriver à Paris, avec une vitesse presque insensible, sur vingt-quatre lieues de développement, un bassin composé de plusieurs sels calcaires et continuellement rempli de substances organiques dans tous les périodes de décomposition.

On ne sera donc point étonné si après avoir répété ses expériences je suis arrivé à des résultats différens. Je me contente de l'énoncer, afin de fixer l'attention sur cet objet qui intéresse si essentiellement la salubrité publique.

faire exclusivement la base d'une distribution à domicile, qu'elle n'est pas propre au service particulier.

La ville de Paris s'est réservé 4000 pouces d'eau de l'Ourcq, mais il n'est pas sûr qu'ils arriveront régulièrement au bassin de la Villette. On sait que dans les canaux nouvellement ouverts, les pertes d'eau sont toujours très considérables. Le canal de Narbonne, creusé dans un terrain graveleux, perdit, lors de son établissement, toute l'eau qu'il recevait; les infiltrations diminuèrent ensuite successivement, et ce ne fut que trente ans après qu'on les vit cesser. Sur le canal du Centre, le bief de Vertampierre, établi sur les rives d'un coteau qui fournit des pierres calcaires, a long-temps laissé échapper ses eaux malgré les corrois de terre glaise que l'on formait dans les levées, et l'on a été obligé de revêtir ses bords en maçonnerie. Le canal de l'Ourcq, suspendu jusqu'à 16 mètres au-dessus du niveau de la Marne, tracé sur la plus grande partie de sa longueur suivant les contours de coteaux très escarpés; et dont le sol, mélangé de pierrailles, est peu convenable pour exécuter des remblais solides et imperméables, doit nécessairement perdre une partie de ses eaux pendant plusieurs années : de manière qu'on ne concevrait pas qu'on voulût les destiner à un service dont la sûreté doit former le caractère distinctif. On le ferait avec d'autant moins de raison, qu'il serait impossible de suppléer à ces eaux dans le cas où une portion du canal aurait besoin d'être mise à sec, soit pour des réparations d'ouvrages d'arts, soit pour les nettoiemens, et que le système de conduites que l'on se propose d'adopter rend également très difficile, sans interrompre la distribution, la réparation des avaries qui pourraient se manifester au bassin de la Villette et dans l'intérieur de Paris. Qu'on se figure l'anxiété d'une ville populeuse où l'eau manque subitement; et l'on n'hésitera pas à créer plusieurs sources alimentaires en se servant des eaux de Seine. Ainsi, dire qu'il n'y aurait pas de sûreté dans une distribution des eaux de l'Ourcq à domicile, ce n'est point faire la critique du projet que l'on vient d'exécuter à grands frais; c'est simplement se conformer aux règles de la prudence, qui veulent que ces eaux ne soient employées qu'à entretenir la navigation et à alimenter des fontaines publiques, dont l'écoulement peut être suspendu sans inconvénient.

Le projet de distribution présenté par M. Girard, que l'on exécute maintenant, ne s'applique en effet qu'au service public. Les conduites principales sont placées dans des galeries souterraines et des égouts, et l'on ne peut pas relier ce service avec celui d'une fourniture à domicile. Par conséquent, si l'on veut distribuer les eaux au moyen d'un seul système, il faut renoncer à tout ce qui a été fait jusqu'à ce jour : d'où résulte un grand accroissement de dépense. Si l'on sépare au contraire les deux services, il devient plus simple et plus économique d'avoir plusieurs sources alimentaires, et de substituer les eaux de Seine aux eaux de l'Ourcq pour le service particulier.

Ainsi l'on est d'abord conduit à employer les eaux de la Seine pour tout le service particulier, et à réserver les eaux de l'Ourcq pour le service public.

Ce n'est pas tout : l'expérience a prouvé que les eaux de l'Ourcq arriveraient difficilement sur la rive gauche de la Seine, à une grande distance et sur un sol qui s'élève graduellement jusqu'à 12 mètres au-dessus du niveau du bassin de la Villette. Les solutions de continuité dans la direction du mouvement, la longueur des conduites, les changemens brusques de diamètres, les irrégularités des parois, qui donnent lieu à des réactions par lesquelles le cours des eaux est dérangé, interverti, déterminent une perte de hauteur considérable dans l'ascension de l'eau par la pression naturelle ; de manière qu'il vaut mieux se servir exclusivement de l'eau de la Seine sur cette rive, et réunir les deux services dans un seul système de distribution. On n'aura à faire le sacrifice d'aucune dépense, puisqu'on n'a pas encore commencé l'exécution de la partie du système de M. Girard, qui s'y applique, et l'on évitera deux réseaux de conduites qui devraient être également placés dans terre.

Il sera facile de montrer par un exemple la vérité de cette assertion.

On a établi une conduite dite de la Halle aux vins, pour porter les eaux de l'Ourcq dans un réservoir construit dans la rue Saint-Victor.

Cette conduite a une longueur de 4750$^{\text{mèt.}}$

Le diamètre des tuyaux est de...   o   , 25$^{\text{c.}}$

La différence de niveau entre la tablette de couronnement du réservoir et l'eau dans le bassin de la Villette, est de....................   3 , 943

Le produit de la conduite est de..   100^{pouces} (*).

Cette conduite est placée dans des galeries ou des égouts sur une longueur de 2684 mètres, et dans terre sur une longueur de 2066 mètres.

Cette dernière partie a coûté 182,111 fr. 5o cent.

SAVOIR:

Fourniture de tuyaux................   107,377$^{\text{f.}}$ 8o
Fontainerie et plomberie............   62,739 5o
Pavage.............................   11,994 14
                  Total...........   182,111 5o

En supposant, pour choisir le cas le plus défavorable, que la première partie fût établie de la même manière, nous aurions pour la dépense totale... ....   418,697$^{\text{f.}}$ 78

Évaluons maintenant ce qu'il en aurait coûté pour élever la même quantité d'eau de la Seine dans le réservoir.

La différence de niveau entre la tablette de couronnement et le point zéro de l'échelle d'étiage du pont de la Tournelle, est de........................   21^{m},296.

Nous aurons pour le nombre d'unités dynamiques à développer :

(*) Cette estimation résulte d'une expérience d'abord faite par M. Mallet, et que nous avons répétée deux fois avec lui.

$$100 \times 19,1953 \times 21,296 = 40,878^{dy};$$

ce qui exige l'emploi d'une machine de six chevaux.

Établissement de la machine.......... 25,000^{f.}

800 mètres courans de conduite à poser depuis la Seine jusqu'au réservoir, au prix de la conduite posée.................... 70,517 52

Frais de combustible à raison d'un kilogramme de charbon pour 100 unités dynamiques et de 0,05^{c.} le kilog. 7358^{f.} 04 par an, ce qui donne un capital de.......... 147,160 80

Total............ 242,678^{f.} 32

La dépense faite est de.. .... 418,697 78

Le bénéfice pour 100 pouces aurait donc été de............................ .... 176,019^{f.} 46

2. *Quantité probable de concessions. Volume d'eau à distribuer.*

L'évaluation de la quantité d'eau nécessaire pour satisfaire aux besoins d'une population déterminée n'a pas encore été faite d'une manière précise. M. Girard l'avait fixée à 20 litres d'eau par jour pour chaque individu, et encore la regardait-il comme exagérée à peu près de moitié. Dans le projet de distribution générale des eaux de l'Ourcq que M. Mallet vient de présenter, on a réglé la consommation individuelle à 57 litres environ; mais on voit qu'on a eu plus égard dans cette évaluation à la quantité d'eau dont on croyait pouvoir disposer qu'aux besoins réels des habitans. En Angleterre, où l'approvisionnement des villes se fait au moyen de machines à vapeur, et la distribution par des tuyaux qui viennent aboutir à des réservoirs placés dans chaque maison d'habitation, on a senti la nécessité de s'occuper plus spécialement de cette recherche. Il ne fallait pas, en effet, se laisser entraîner dans de trop fortes dépenses en augmentant sans besoin le diamètre des conduites principales, ni se placer dans l'impossibilité de répondre aux demandes des consommateurs en portant une trop grande économie dans les premiers frais d'établissement. M. le professeur Leslie a trouvé que l'approvisionnement, pour être complet, doit être de 9 gallons par tête par jour; cette évaluation représente 36 de nos litres. En partant de cette base, dont l'expérience a confirmé l'exactitude, et se rappelant que la population de Paris se compose de 740,000 habitans, nous aurons pour le volume d'eau destiné au service particulier 26640 kilolitres, ou 1400 pouces environ de fontainier.

Les 4000 pouces d'eau de l'Ourcq seront consacrés au service public.

Cette quantité ne paraîtra pas trop forte si l'on considère, d'un côté, le nombre de fontaines que l'on veut élever; de l'autre, le volume d'eau nécessaire pour produire un effet satisfaisant. La fontaine des Innocens dépense 118 pouces, le Château d'eau de Bondi 205 pouces, la gerbe du Palais-Royal 85 pouc.; et cependant on trouve que la beauté de ces monumens ne répond pas à l'idée que l'on se forme de ce genre de décoration.

Que serait-ce si, comme on l'a proposé dans le projet de répartition de la portion des eaux de l'Ourcq destinée au service public, on ne donnait que 18 pouces aux fontaines monumentales, 2 pouces aux fontaines simples, et $\frac{3}{4}$ de pouces environ aux bornes-fontaines? On pourra bien les orner de colonnes et de statues, comme celles de la rue de Grenelle et de la place de l'École de Médecine; mais si l'eau manque ou découle sur un mur sans être aperçue, on accusera toujours le mauvais goût et l'imprévoyance de ceux qui les auront créées. La fontaine Pauline à Rome dépense 1800 pouces; et celle de la place Saint-Pierre au Vatican, composée d'une simple coupe élevée sur un pié-douche, 300 pouces; les fontaines du parc de Versailles jettent l'eau dans l'air avec abondance : aussi sont-elles devenues un objet d'admiration.

Il en sera de même des fontaines que l'on veut élever à Paris, si l'on augmente l'effet hydraulique. C'est près des boulevarts intérieurs de la rive droite que se trouvent les emplacemens les plus propres à recevoir des embellissemens, tels que le rond-point des Champs-Elysées, la place Louis XV, le jardin des Tuileries, la place de la Madeleine, celle de la Bourse, l'esplanade des Filles-du-Calvaire, les nouveaux quartiers de Tivoli, Saint-Georges et Poissonnière, etc. On pourra donc établir plusieurs zones de fontaines jaillissantes, dont les plus hautes serviront de réservoirs pour les fontaines inférieures; et ces eaux, après avoir servi à l'ornement de ces différentes promenades, tourneront encore à l'avantage de la salubrité en effectuant le lavage des rues et du grand égout destiné à leur donner définitivement une issue dans la Seine.

3. *Conséquences de la configuration du sol de Paris, relativement à la distribution d'eaux élevées par des machines.*

Lorsque les eaux que l'on veut distribuer dans une ville sont amenées naturellement sur un des points les plus élevés, le relief du terrain n'exerce qu'une légère influence sur le choix de l'emplacement des artères principales et sur leurs dimensions.

Il n'en est pas de même si les eaux sont élevées par des machines ; la position de ces réservoirs alimentaires (*) dépend alors de la configuration du sol, et suivant qu'on les place à des hauteurs plus

---

(*) L'eau se meut dans une conduite en vertu de la *charge motrice*. Cette charge est ordinairement produite par la différence de niveau qu'on établit entre un bassin supérieur, où les eaux que l'on veut distribuer se trouvent réunies, et le bassin inférieur où les eaux dégorgent. Mais l'utilité du bassin supérieur n'est pas bien démontrée dans le cas où l'on se sert de machines. Elles peuvent fonctionner et imprimer une vitesse à l'eau sans commencer par la porter à la hauteur qui mesure la charge motrice. Ainsi, nous appellerons en général *réservoir*, l'artère principale qui reçoit les eaux ; et lorsque nous parlerons de sa *hauteur*, cela devra s'entendre de la *charge motrice* en vertu de laquelle l'eau se meut avec plus ou moins de vitesse.

ou moins convenables, il en résultera nécessairement une économie plus ou moins grande dans l'emploi de la force motrice et dans les dimensions des conduites.

On sent, en effet, que lorsque les différens quartiers d'une ville se trouvent situés sur une plaine de niveau, que l'on doit par conséquent élever toutes les eaux à la même hauteur, un tuyau *annulaire*, occupant une position moyenne entre le centre et la circonférence, forme le réservoir le plus naturel ; et les eaux, pour se diviser dans toutes les rues, n'auront qu'à rayonner suivant les normales à la courbe.

Mais si les maisons sont bâties sur le penchant d'une colline, il se présente plusieurs combinaisons.

On peut adopter un seul réservoir placé au sommet, et les eaux se distribueront alors en suivant les lignes de plus grande pente ; ou bien on peut diviser les quartiers à desservir par zones comprises entre des plans horizontaux, et placer un tuyau-réservoir dans la partie supérieure de chaque zone. Leur étendue ou leur distance entre deux plans consécutifs d'intersection, se déterminerait d'après le volume d'eau à élever et la longueur des conduites.

Le premier système aurait la propriété de diminuer le *diamètre* des tuyaux, puisque les eaux s'écouleraient avec plus de vitesse ; le second produirait une grande économie dans l'*élévation* de l'eau. Ces deux élémens sont liés entre eux : il y a un maximum d'avantages à trouver.

Nous allons appliquer ces considérations à la recherche du meilleur système de distribution d'eau
pour Paris.

Sur la rive droite de la Seine, on remarque que
la ville est renfermée dans une enceinte de collines
qui, partant, à l'amont, de Bercy, et à l'aval, de Chaillot, vont se réunir au plateau de la Villette. Le pied
des revers suit le grand égout construit dans l'emplacement de l'ancien cours d'eau qui recevait les
eaux pluviales et les portait à la Seine, au-delà de
l'emplacement actuel de la Savonnerie. Le terre-
plein compris entre ce grand égout et la Seine offre
peu de variations dans les hauteurs, et peut être re-
gardé comme de niveau sous le rapport de la distribution, de manière que nous n'avons à considérer
que trois parties : deux revers de collines dont le
dessus forme plusieurs plateaux élevés de dix-huit à
vingt mètres au-dessus du fond de la vallée, et un terre-
plein demi-circulaire élevé de dix à quinze mètres
au-dessus du point zéro de l'échelle d'étiage du pont
de la Tournelle. Il en résulte que sur la rive droite
nous devons placer trois tuyaux-réservoirs, non-seu-
lement à des hauteurs différentes, mais encore de
formes différentes, d'après la configuration du sol à
desservir.

L'intersection du terrain, par une suite de plans
horizontaux, montre que le tuyau réservoir de la
partie basse doit être formé par un tuyau *annulaire*
suivant les boulevarts intérieurs, les rues Saint-Honoré, des Lombards, de la Verrerie, du Roi-de-Sicile

et Saint-Antoine, et que les tuyaux-réservoirs des deux revers seront droits. L'un suivra l'acqueduc de ceinture et se prolongera jusqu'à la barrière de Long-Champ, le long des rues de Valois, de Berry et de Chaillot; l'autre se développera sur le penchant des collines de Belleville, de Ménilmontant et de Charonne, en suivant les rues Saint-Maur, de la Muette, des Boulets, et l'avenue de Saint-Mandé jusqu'à la barrière de ce nom.

Sur la rive gauche on n'aperçoit qu'un revers, qui, d'un côté, s'incline par une pente assez douce jusqu'au niveau de la plaine de Grenelle et de Vaugirard, et de l'autre se retourne pour former le plan gauche de la rivière de Bièvre. On pourrait, dans ce cas, ne placer qu'un bassin au sommet du plateau, si, du principe fondamental qu'il faut chercher à économiser l'élévation de l'eau, il n'en résultait pas la convenance d'établir un second réservoir qui contournera la montagne Sainte-Geneviève.

4. *Calcul déterminant la hauteur de chaque réservoir et le diamètre des tuyaux.*

Les phénomènes du mouvement de l'eau dans un tuyau cylindrique, droit ou courbe, dépendent de son diamètre, de sa longueur, de la différence de niveau entre les centres de ses orifices extrêmes, et des pressions qui ont lieu à ces orifices.

Les relations entre ces différentes quantités ont été trouvées par M. de Prony.

Faisant

Le volume d'eau que le tuyau doit débiter dans une seconde................... $= Q$,

Le diamètre du tuyau............. $= D$,

Sa longueur.. .... $= \lambda$,

La différence de niveau entre les centres des orifices extrêmes................... $= Z$,

La hauteur d'une colonne d'eau représentant la charge sur l'orifice d'amont.... $= H$,

La hauteur d'une colonne d'eau représentant la charge sur l'orifice d'aval..... $= H'$,

On a $\quad Q = 21{,}043 \sqrt{\dfrac{H + Z - H'}{\lambda}}\, D^5.$

Ainsi, lorsqu'il s'agit d'un tuyau isolé recevant l'eau d'un bassin supérieur et l'introduisant dans un bassin inférieur au-dessous de la surface de l'eau de ce dernier bassin, on peut avoir la mesure, l'évaluation immédiate des élémens λ, H, Z, H' du calcul du diamètre D satisfaisant à la condition de fournir un volume d'eau déterminé.

Ce cas est encore le seul que l'on ait examiné, et pour lequel l'expérience ait confirmé les résultats de la théorie. Mais la formule ne peut pas s'appliquer immédiatement à un système de conduites recevant l'eau d'un réservoir supérieur et l'introduisant dans plusieurs bassins inférieurs, comme lorsqu'il s'agit d'une distribution d'eau, soit à des fontaines publiques, soit à domicile pour le service des particuliers, au moyen de branchemens sur une conduite principale.

Dès lors λ et Z sont, pour chaque tuyau du système, les seuls élémens du calcul dont on puisse avoir la mesure immédiate ; et les hauteurs H et H', représentatives des pressions extrêmes qui s'exercent aux deux bouts de chaque tuyau, deviennent des inconnues du problème. La solution est alors plus compliquée ; mais on peut néanmoins établir par des formules la relation entre les mêmes quantités, et parvenir à la détermination exacte des diamètres des tuyaux destinés à débiter de certains volumes d'eau sous une charge déterminée.

En effet, soient

Q le volume d'eau que le tuyau principal doit débiter par seconde ;

D le diamètre de ce tuyau ;

L sa longueur ;

λ, λ', λ'', λ''', $\lambda^{IV}\ldots\lambda^{n-1}$ les longueurs partielles comprises entre deux branchemens consécutifs, de manière que

$$L = \lambda' + \lambda'' + \lambda'''\ldots\ldots + \lambda^{n-1} ;$$

Z la charge sur l'orifice d'amont, plus la différence de niveau entre cet orifice et celui du premier branchement ;

H', H'', $H'''\ldots H^n$ la hauteur d'une colonne d'eau représentant la charge à la naissance de chaque branchement ;

$$\left.\begin{array}{c} q', d', L', z' \\ q'', d'', L'', z'' \\ \cdots\cdots\cdots \\ q^n, d^n, L^n, z^n \end{array}\right\}$$ les élémens, pour chaque branchement, analogues aux élémens Q, D, L, Z du tuyau principal.

$C = 21{,}043 =$ constante.

On aura, en considérant chaque partie de tuyau,

$$Q = c \sqrt{\frac{Z - H'}{\lambda}\, D^5}, \qquad (1)$$

$$q' = c \sqrt{\frac{H' - z'}{L'}\, d'^5}, \qquad (2)$$

$$Q - q' = c \sqrt{\frac{H' - H''}{\lambda'}\, D^5}, \qquad (3)$$

$$q'' = c \sqrt{\frac{H'' - z''}{L''}\, d''^5}, \qquad (4)$$

$$Q - q' - q'' = c \sqrt{\frac{H'' - H'''}{\lambda''}\, D^5}, \qquad (5)$$

$$\cdots\cdots\cdots\cdots\cdots\cdots\cdots\cdots$$

$$q^n = c \sqrt{\frac{H^n - z^n}{L^n}\, d^{n5}}. \qquad (2^n)$$

En tout $2n$ équations, dont les indéterminées sont

$$D, d', d'', d'''\ldots\ldots d^n$$
$$H', H'', H'''\ldots\ldots H^n;$$

mais on peut éliminer facilement les quantités H, H', H''…H^n. En effet, en combinant successivement les équations (1) et (3), (1), (3) et (5), etc., on aura

$$Q^2\lambda + (Q - q')^2\lambda' = c^2 D^5 (Z - H''), \qquad (A)$$

$$Q^2\lambda + (Q - q')^2\lambda' + (Q - q' - q'')^2\lambda'' = c^2 D^5 (Z - H''') \quad (A')$$

$$\cdots\cdots\cdots\cdots\cdots\cdots\cdots\cdots\cdots\cdots$$

$$Q^2\lambda + (Q-q')^2\lambda' + (Q-q'-q'')^2\lambda''\ldots + (Q-q'-q''\ldots-q^{n-1})^2\lambda^{n-1} = c^2 D^5(Z - H^n)\ldots(A^{n-1}).$$

En combinant les équations (1) et (2), (4) et (A), (6) et (A'), ... etc., on aura

$$Q^2 \lambda D^5 + q'^2 L' D^5 = c^2 D^5 d'^5 (Z - z') \qquad (B)$$

$$[Q^2 \lambda + (Q - q')^2 \lambda'] d''^5 + q''^2 L'' D^5 = c^2 D^5 d''^5 (Z - z'') \quad (B')$$

$$\cdots \cdots \cdots \cdots \cdots \cdots \cdots \cdots \cdots \cdots \cdots$$

$$[Q^2 \lambda + (Q - q')^2 \lambda' \ldots + (Q - q' - q'' \ldots - q^{n-1})^2 \lambda^{n-1}] d^{n5} + q^2 L^n D^5 = C^2 D^5 d^{n5} (Z - z^n) \ldots (B^n)$$

Ce qui fait en dernière analyse n équations et $n+1$ indéterminées D, d', d'', $d''' \ldots d^n$.

Il ne suffirait pas de se donner une des quantités D, d', $d'' \ldots d^n$ pour être sûr de résoudre la question; on trouverait le plus souvent pour les valeurs des autres inconnues des expressions imaginaires.

Il est facile de s'en rendre compte en cherchant au moyen des équations (B), (B'), $(B'') \ldots (B^n)$ les valeurs de d', d'', $d''' \ldots d^n$; on trouve

$$d'^5 = \frac{q'^2 D^5 L'}{c^2 D^5 (Z - z') - Q^2 \lambda},$$

$$d''^5 = \frac{q''^2 D^5 L''}{c^2 D^5 (Z - z'') - [Q^2 \lambda + (Q - q')^2 \lambda']},$$

$$\cdots \cdots \cdots \cdots \cdots \cdots \cdots \cdots \cdots \cdots \cdots$$

$$d^{n5} = \frac{q^{n2} D^5 L^n}{c^2 D^5 (Z - z^n) - [Q^2 \lambda + (Q - q')^2 \lambda' \ldots + (Q - q' - q'' \ldots q^{n-1})^2 \lambda^{n-1}]}.$$

Or, pour que toutes les valeurs de d', d'', $d''' \ldots d^n$ soient applicables à la question, il faut que les dénominateurs soient positifs, ou que l'on ait en général

$$c^2 D^5 (Z - z^n) > Q^2 \lambda + (Q - q')^2 \lambda' \ldots + (Q - q' - q'' \ldots q^{n-1})^2 \lambda^{n-1}$$

ce qui renferme dans des limites assez resserrées les valeurs de D qui peuvent satisfaire à cette condition.

Dans l'établissement d'un système de conduites

pour la distribution des eaux, la considération de
la dépense est très importante ; il faut donc chercher
à déterminer la grosseur des tuyaux de manière à
obtenir un minimum. Pour cela on fera varier successivement la valeur de D, en partant de celle qui
réduirait le dénominateur de la dernière fraction à
zéro, et l'on calculera le prix correspondant du système. L'inspection du tableau que l'on formera suffira dès lors pour montrer quelle est la combinaison
la plus économique et la plus avantageuse.

Jusqu'ici nous avons supposé que le niveau du réservoir supérieur, d'où dépend la charge motrice,
était fixé d'avance. Cela peut avoir lieu lorsque ce
réservoir est alimenté par des eaux qu'on amène de
loin, en leur faisant suivre une pente naturelle ; mais
s'il s'agit d'une distribution d'eaux élevées par des
machines, la hauteur du réservoir et les diamètres
des tuyaux sont des élémens qui peuvent varier, et
cette nouvelle indéterminée du problème doit nécessairement influer sur sa solution.

Les n équations (B) (B′) (B″)...(Bⁿ) ne changent
pas ; elles contiennent seulement $n + 2$ indéterminées

$$D, d', d'', d'''\ldots d^{n}$$

et Z.

L'établissement du système de distribution exige,
dans ce cas particulier, l'exécution de deux sortes
d'ouvrages.

Les premiers sont relatifs à l'établissement des
machines nécessaires pour élever l'eau ; les seconds
consistent dans la fourniture et la pose des conduites.

Nous allons assigner les dépenses en argent de ces différens ouvrages.

Faisant toujours la hauteur à laquelle on doit élever l'eau .... $= Z$;

Le volume d'eau que l'ensemble des tuyaux doit débiter dans une seconde de temps.... $= Q$;

Et supposant :

1°. Que la force d'un cheval de vapeur est représentée par 6480 unités dynamiques;

2°. Qu'un kilogramme de charbon peut développer 100 unités dynamiques;

3°. Que le prix du charbon est de 0^f05^c le kilogr.;

4°. Que le prix d'un cheval de vapeur en ce qui concerne l'établissement de la machine... $= V$;

Nous aurons

$$86400 \times Q \times Z = \text{le nombre d'unités dynamiques};$$

$$\frac{86400 \times Q \times Z}{6480} = \text{le nombre de chevaux de vapeur};$$

$$\frac{86400 \times Q \times Z}{6480} V = \text{la dépense } 1^{re} \text{ d'établissement}.$$

Pour évaluer la dépense en charbon, nous aurons

$$\frac{86400 \times Q \times Z}{100} = \text{le nombre de kilog. de charbon par jour};$$

$$\frac{86400 \times Q \times Z}{100} \times 30 = id. \text{ par mois};$$

$$\frac{86400 \times Q \times Z}{100} \times 30 \times 12 = id. \text{ par an};$$

$$\frac{86400 \times Q \times Z}{100} \times 30 \times 12 \times 0,05 = \text{la dépense annnelle};$$

$$\frac{86400 \times Q \times Z}{100} \times 30 \times 12 \times 0,05 \times 12,5 = \text{la dép. capital}.$$

Effectuant les calculs, on a

$QZ\,(13{,}333.V + 311040) = $ la dépense en argent relative à l'élévation de l'eau par des machines.

Cette dépense est proportionnelle à la hauteur à laquelle il faut élever l'eau, et croît avec cette hauteur.

La dépense relative à l'établissement des conduites augmente avec les diamètres des tuyaux ; mais comme les tuyaux diminuent de grosseur à mesure que la hauteur à laquelle on élève l'eau est plus considérable, parce que cette eau y prend plus de vitesse par l'augmentation de charge, il s'ensuit que l'une de ces dépenses diminue lorsque l'autre augmente, et qu'il y a un rapport de variation qui donne un maximum d'avantages.

Pour le trouver, examinons comment les accroissemens des diamètres font varier la dépense.

Désignant par e l'épaisseur d'un tuyau de conduite, par r le rayon du tuyau, par P la pression normale qu'il éprouve rapportée à l'unité de surface, et par R′ la plus grande tension que l'on veut faire supporter aux fibres sur cette unité superficielle.

On ne changera rien à l'état d'équilibre si, au moment de la rupture, on suppose que le tuyau est séparé en deux par une paroi fixe dirigée suivant un diamètre.

La pression que le liquide exerce sur cette paroi est exprimée par $2Pr$.

La résistance qui s'opère aux points de contact est exprimée par $2eR′$.

On a donc

$$eR' = Pr, \qquad (1)$$

pour l'équation qui servira à régler l'épaisseur des tuyaux.

D'après les expériences de M. Georges Rennie, l'adhésion des molécules de fonte sur un millimètre carré de surface est équivalente à un effort de traction de $13^{kilo},48$.

D'après les expériences de C^e Brown, cette résistance serait de $14^{kilo},20$;

Tandis que M. Tredgold ne la porte qu'à 10 à 11 kilogr.

Quoi qu'il en soit, la quantité R$'$ est connue; et, pour rester dans les limites les plus faibles, nous la ferons $=$ 10 kilogr.

La quantité P exprime la pression normale que le tuyau éprouve, rapportée à l'unité de surface. Elle est donc variable. Mais comme les tuyaux sont exposés, par la fermeture subite des robinets, à des coups de bélier dont l'effet se développe en raison de la masse liquide en mouvement multipliée par la vitesse, il faut que ces tuyaux puissent supporter une pression considérable que l'on constate par leur essai avant l'emploi.

La mesure de cette pression n'a été déterminée par aucune expérience spéciale : on la suppose en général de 3o atmosphères.

Lorsqu'on soumet les tuyaux à l'épreuve, il se manifeste sous des charges beaucoup plus faibles des suintemens qui tiennent à des défauts de la fonte, et qui peuvent cependant avoir lieu sans que l'on ait à craindre une rupture. Il est essentiel de les éviter. C'est pour cela que, lors même que les tuyaux n'ont à supporter que des pressions normales peu considérables, on fixe à 3o atmosphères la mesure de cette pression dans le calcul de leur épaisseur, et que les essais ne se font que sous une charge de 10 atmosphères; c'est-à-dire que chaque bout de tuyau est éprouvé, en sortant du moule, par le moyen d'une pompe foulante et d'une pression égale à une colonne d'eau de 1oo mètres de hauteur. On met au rebut tout ce qui se trouve le moins du monde défectueux.

Dans cette supposition, P sera égal au poids d'une colonne d'eau de 3oo mètres de hauteur et d'un millimètre carré de base, ou au poids de $0^{lit},30$. Or, un litre d'eau pèse 1ooo gram., donc $P = 0^{kil},30$.

L'équation (1) devient, en substituant à la place de R' et de P, leurs valeurs

$$e = 0,30r.$$

Enfin, la fonte étant susceptible de s'oxider, il faut ajouter, pour tenir compte de cet effet, une constante, puisqu'on doit le supposer le même pour tous les diamètres. On admet 0,011 pour cette surépaisseur, de manière que nous aurons en définitif

$$e = 0,03r + 0,011. \qquad (2)$$

Puisque, dans la supposition d'une charge d'épreuve constante, l'épaisseur des tuyaux est proportionnelle à leur diamètre, nous en conclurons que

le poids augmente comme le carré de ces diamètres,
et que la dépense en argent suit la même loi d'accroissement.

Faisant donc le prix de l'unité de longueur de
tuyau dont le diamètre est égal à l'unité..... $= T$,
nous aurons pour la dépense relative à l'établissement des conduites

$$T(\,LD^2 + L'd'^2 + L''d''^2 \ldots \ldots + L^n d^{n2}\,),$$

Et pour la dépense totale

$$QZ(13{,}333.\,V + 311040) + T(LD^2 + L'd'^2 + L''d''^2 \ldots + L^n d^{n2}).$$

Il s'agira, dans chaque cas particulier, de déterminer Z, D, d', d'' ... d^n, de manière que la somme
de ces deux dépenses soit un *minimum*.

Si l'on veut calculer les valeurs de H', H'', H'''...
H^n, qui donnent la charge à la naissance de chaque
branchement, on n'a qu'à reprendre les équations
(1), (A), (A''), (A''').

On en tire

$$H' = Z - \frac{Q^2\lambda}{C^2 D^5},$$

$$H'' = Z - \frac{Q^2\lambda + (Q - q')^2\lambda'}{C^2 D^5},$$

$$H''' = Z - \frac{Q^2\lambda + (Q - q')^2\lambda' + (Q - q' - q'')^2\lambda''}{C^2 D^5},$$

$$\ldots\ldots\ldots\ldots\ldots\ldots\ldots\ldots\ldots\ldots\ldots\ldots\ldots\ldots\ldots$$

$$H^n = Z - \frac{Q^2\lambda + (Q - q')^2\lambda' \ldots + (Q - q' - q'' \ldots - q^{n-1})^2\lambda^{n-1}}{C^2 D^5}.$$

On voit par ces équations que les quantités Q,
q', q'' λ et Z, restant les mêmes, H', H'', H''' ... H^n
et D augmentent et diminuent ensemble.

Enfin, v étant la vitesse de l'eau dans ces tuyaux de conduite dont le diamètre est D, et la dépense Q, π la circonférence dont le diamètre $= 1$, g la vitesse que la pesanteur engendre pendant une seconde de temps, et h la hauteur due à la vitesse v, on a

$$v = \frac{4Q}{\pi D^2} = 1,2732 \frac{Q}{D^2},$$

$$h = \frac{v^2}{2g} = 0,0509736 \; v^2.$$

Ces équations serviront à calculer la vitesse et la hauteur due à cette vitesse, lorsque les diamètres auront été déterminés par les formules précédentes.

L'équation (1) montre que l'épaisseur d'un tuyau doit augmenter en raison de son diamètre et de la pression normale qu'il est destiné à supporter.

Or, si l'on suppose que l'on diminue la hauteur du réservoir sans changer le volume d'eau à débiter, ainsi que cela doit avoir lieu lorsqu'il s'agit d'une distribution à domicile, il s'ensuit qu'il faut augmenter en même temps les diamètres des tuyaux. Ces deux variations exercent une influence contraire sur l'épaisseur des tuyaux, et celle-ci pourrait demeurer constante ou même diminuer, malgré l'accroissement dans les diamètres; mais comme tous les tuyaux, avant que d'être posés, doivent être soumis à une charge fixe de plusieurs atmosphères, il s'ensuit que l'influence relative à la diminution de hauteur de réservoir est nulle, et que celle qui dépend de l'accroissement des diamètres exerce seule son effet. Il s'ensuit encore que la sur-épaisseur qui résulte de cette circonstance fait croître dans un plus grand rapport la dépense qui correspond à l'établissement des conduites, et que dès lors il y a, en général, un avantage à se servir de tuyaux d'un petit diamètre en augmentant la charge motrice.

Nous allons faire l'application de ces diverses considérations à l'établissement d'un système de conduites servant à distribuer l'eau fournie par la machine de Chaillot.

L'arrondissement à desservir est limité par la Seine, les rues Saint-Denis, du Faubourg-Saint-Denis, du Paradis, Bleue, Coquenard, Saint-Lazare, de la Pépinière, d'Angoulème et des Gourdes. Il se trouve au-dessous d'un plan horizontal situé à 14 mètres au-dessus du zéro de l'échelle du pont de la Tournelle.

La distribution se fera au moyen d'un tuyau principal, qui descendra le long de la rue du Faubourg-Saint-Honoré jusqu'à la rencontre de l'axe du boulevart. A ce point il se divisera en deux branches, dont l'une suivra la rue Saint-Honoré, l'autre le boulevart jusqu'à la rencontre de la rue Saint-Denis. Des tuyaux, dits répartiteurs, dirigés suivant les principales rues perpendiculaires à cette conduite de ceinture, diviseront l'arrondissement en quartiers de distribution. Ces répartiteurs seront accompagnés de tuyaux dits de service, qui se ramifieront dans toutes les rues, et sur lesquels les particuliers pourront établir leurs branchemens.

Les deux branches de la conduite principale auront le même diamètre, et desserviront chacune la moitié de l'arrondissement. Nous allons considérer la zone qui correspond à la rue Saint-Honoré.

Elle comprendra six répartiteurs, dont les rencontres avec la conduite se trouveront à l'origine des rues Saint-Denis, de la Tonnellerie, de Grenelle-Saint-Honoré, de Richelieu, Saint-Roch et d'Anjou.

Le tableau suivant présente la longueur de chacun d'eux, celle de la portion de la conduite principale qu'ils interceptent, le volume d'eau qu'ils doivent débiter, calculé d'après le relevé des rues qu'ils pourront alimenter et le nombre des habitans.

NUMÉROS DES RÉPARTITEURS.	DÉSIGNATION des rues QU'ILS TRAVERSENT.	LONGUEUR des répartiteurs.	CUBE d'eau A DÉBITER.	DISTANCES interceptées sur la CONDUITE.	OBSERVATIONS.
		mètres.	kilol.	mètres.	
1	Rue d'Anjou....	1310	528	2060	Cette distance est comptée à partir de la machine à vapeur.
2	Rue du Dauphin, rue Neuve-St.-Roch, etc.....	1295	670	981	
3	Rues de Rohan, de Richelieu, etc..	710	451	334	
4	Rues du Coq, de Grenelle-Saint-Honoré, etc....	1332	861	332	
5	Rues de la Tonnellerie, Comtesse-d'Artois, etc...	1350	980	398	
6	Rue St-Denis....	1120	1042	272	
		7117	4532	4377	

Nous supposerons que le service doit se faire en 12 heures.

4532 kilol. en 12 heures font par seconde 0,104907 $= Q$,
 528 .... *idem* .... 0,012222 $= q'$,
 670 .... *idem* .... 0,015509 $= q''$,
 451 .... *idem* .... 0,010440 $= q'''$,
 861 .... *idem* .... 0,019931 $= q^{\mathrm{iv}}$,
 980 .... *idem* .... 0,022685 $= q^{\mathrm{v}}$,
1042 ... . *idem* .... 0,024120 $= q^{\mathrm{vi}}$,

d'où

$$Q \dots\dots\dots\dots\dots\dots\dots = 0,104907,$$
$$Q - q' \dots\dots\dots\dots\dots\dots = 0,092685,$$
$$Q - q' - q'' \dots\dots\dots\dots = 0,077176,$$
$$Q - q' - q'' - q''' \dots\dots = 0,066736,$$
$$Q - q' - q'' - q''' - q^{\mathrm{iv}} \dots = 0,046805,$$
$$Q - q' - q'' - q''' - q^{\mathrm{iv}} - q^{\mathrm{v}} = 0,024120.$$

D'après le tableau

$$\lambda = 2060,\ \lambda' = 981,\ \lambda'' = 334,\ \lambda''' = 332,\ \lambda^{\mathrm{iv}} = 398,\ \lambda^{\mathrm{v}} = 272;$$

nous en conclurons

$$Q^2\lambda \dots\dots\dots\dots\dots\dots\dots\dots = 22,6710,$$
$$(Q - q')^2\lambda' \dots\dots\dots\dots\dots\dots = 8,4273,$$
$$(Q - q' - q'')^2\lambda'' \dots\dots\dots\dots = 1,9894,$$
$$(Q - q' - q'' - q''')^2\lambda''' \dots\dots = 1,4786,$$
$$(Q - q' - q'' - q''' - q^{\mathrm{iv}})^2\lambda^{\mathrm{iv}} \dots = 0,8719,$$
$$(Q - q' - q'' - q''' - q^{\mathrm{iv}} - q^{\mathrm{v}})^2\lambda^{\mathrm{v}} = 0,1582.$$

Cela posé, le diamètre du sixième répartiteur sera donné par la formule

$$d^{\mathrm{vi}}{}_5 = \frac{q^{\mathrm{vi}\,2}D^5L^{\mathrm{vi}}}{C^2D^5(Z - z^{\mathrm{vi}}) - [Q^2\lambda + (Q - q')^2\lambda' + (Q - q' - q'')^2\lambda'' + (Q - q' - q'' - q''')^2\lambda''' + \text{etc.}]}.$$

Substituant, et se rappelant que $c = 21,043$, on a

$$d^{\text{vi}2} = \frac{q^{\text{vi}2}D^5 L^{\text{vi}}}{442,807849.\,D^5(Z-z^{\text{vi}})-35,5964}.$$

On peut faire varier en même temps D et $Z-z^{\text{vi}}$, pourvu que le dénominateur reste positif.

La combinaison la plus avantageuse, celle qui s'accorde le mieux avec les dimensions généralement employées dans les conduites et qui procure un minimum de dépense, c'est de faire $D = 0^m,50$ et $Z-z^{\text{vi}} = 3^m,00$.

On en conclut alors que $d^{\text{vi}} = 0^m,322$.

Si l'on suppose que la charge est la même pour tous les répartiteurs, c'est-à-dire que.........
$z' = z'' = z'''\ldots = z^{\text{vi}}$, on a successivement

$$
\begin{aligned}
d^{\text{v}} &= 0,324, \\
d^{\text{iv}} &= 0,298, \\
d''' &= 0,196, \\
d'' &= 0,248, \\
d' &= 0,200.
\end{aligned}
$$

Calculant les aires qui correspondent à chacun de ces diamètres, on trouve que l'on peut ouvrir un nombre de tuyaux tel, que la somme des aires soit double de celle de la conduite qui les alimente.

Jusqu'à présent nous avons considéré les tuyaux répartiteurs, en les regardant comme destinés à débiter en douze heures, par un écoulement continu et simultané, le volume d'eau nécessaire pour desservir les quartiers qu'ils traversent. Nous allons maintenant considérer les tuyaux de service et ceux des particuliers.

Nous supposerons que le quartier desservi par chaque répartiteur est divisé en douze parties, et que la distribution s'y fait successivement, c'est-à-dire que les tuyaux de service ne resteront ouverts que pendant une heure.

Le nombre de maisons desservies par chacun de ces douze branchemens sera tout au plus de 5o, 25 de chaque côté, sur une longueur moyenne de 25o mètres.

Le cube d'eau à fournir par le tuyau de service sera donc de 25 kilolitres, en ne considérant qu'un seul côté de la rue, à raison d'un kilolitre par maison.

25 kilol. en une heure font par seconde $0,0069444 = Q,$

1 .... *idem* .... $0,0002777 = q'.$

Nous avons de plus $q' = q'' = q''' \ldots\ldots = q^{\mathrm{xxv}},$

$\lambda = \lambda' = \lambda'' \ldots = \lambda^{\mathrm{xxv}} = 10^m,\ L = 250^m,\ c = 21,043.$

Faisant les substitutions et suivant une marche analogue à celle qui a déjà été tracée, on trouve

	Produits de $Q^2\lambda$, $(Q-q')^2\lambda'$, $(Q-q'-q'')^2\lambda''$, etc.
$Q \qquad\quad = 0,006944$	$0,00048225$
$Q - \quad\ q' = 0,006667$	$0,00044445$
$Q - \quad 2q' = 0,006389$	$0,00040819$
$Q - \quad 3q' = 0,006111$	$0,00037344$
$Q - \quad 4q' = 0,005833$	$0,00034025$
$Q - \quad 5q' = 0,005555$	$0,00030858$
$Q - \quad 6q' = 0,005278$	$0,00027857$
$Q - \quad 7q' = 0,004999$	$0,00024990$
$Q - \quad 8q' = 0,004722$	$0,00022298$
$Q - \quad 9q' = 0,004444$	$0,00019749$
$Q - 10q' = 0,004166$	$0,00017356$
$Q - 11q' = 0,003888$	$0,00015117$
$Q - 12q' = 0,003611$	$0,00013040$
$Q - 13q' = 0,003333$	$0,00011109$
$Q - 14q' = 0,003055$	$0,00009333$
$Q - 15q' = 0,002777$	$0,00007712$
$Q - 16q' = 0,002499$	$0,00006245$
$Q - 17q' = 0,002222$	$0,00004937$
$Q - 18q' = 0,001944$	$0,00003779$
$Q - 19q' = 0,001666$	$0,00002776$
$Q - 20q' = 0,001388$	$0,00001926$
$Q - 21q' = 0,001111$	$0,00001234$
$Q - 22q' = 0,000833$	$0,00000694$
$Q - 23q' = 0,000555$	$0,00000308$
$Q - 24q' = 0,000277$	$0,00000077$

d'où

$$d^{\mathrm{xxv}5} = \frac{q'^2 \mathrm{D}^5 \mathrm{L}'}{442,807849 \,\mathrm{D}^5 (\mathrm{Z}-z') - 0,00426253}.$$

Faisant, pour que le dénominateur reste positif,

$$D = 0,10, \quad Z - z' = 1^m, \text{ on a}$$

$$d^{xxv} = 0,037 \ldots d' = 0,022,$$

c'est-à-dire que les grosseurs des branchemens particuliers se trouvent comprises entre ces deux limites correspondant aux branchemens extrêmes.

Si nous avons égard aux deux côtés des rues, les valeurs de d', d'', d''' ... d^{xxv} ne changeront pas ; il suffira de doubler l'aire du tuyau de service : ce qui revient à lui donner $0^m,14^e$ de diamètre.

La charge des tuyaux répartiteurs, par rapport à la conduite principale, a été fixée à 3 mètres ; celle des tuyaux des particuliers, par rapport aux tuyaux de service, à 1 mètre. Il s'ensuit que si l'on place les robinets des réservoirs dans les maisons à 2 mètres au-dessus du sol, les eaux devront être élevées de 6 mètres au-dessus du niveau des quartiers à desservir ; et comme les points de la zone que nous considérons se trouvent à 14 mètres au-dessus du zéro de l'échelle du pont de la Tournelle, nous en conclurons que la plus grande hauteur à laquelle les eaux devront être élevées sera de 20 mètres (*).

(*) Si nous avions fait $z - z'$, qui exprime la charge motrice des répartiteurs, égal à 20 mètres, nous aurions trouvé $0^m,35$ pour le diamètre de la conduite de ceinture et de $0^m,15$ à $0^m,20$ pour celui des répartiteurs. Ce sont les dimensions que l'on paraît vouloir adopter pour la distribution des eaux de Seine, puisque la conduite que l'on a commencé dé poser au Cours-la-Reine, et qui aboutit au réservoir de Chaillot, a $0^m,35$ de diamètre.

Pour que ces dimensions pussent suffire, il faudrait élever

En général, la charge motrice sera plus grande que 6 mètres; car, à l'exception de quelques maisons situées sur les buttes de Saint-Roch, du Carrousel, de Bonne-Nouvelle, du Temple et des Filles-du-Calvaire, toutes les autres ne sont élevées que de 6 à 12 mètres au-dessus du zéro de l'échelle du pont de la Tournelle : de manière que la charge motrice sera pour elles de 14 à 8 mètres. On n'aura donc pas à craindre que les diamètres trouvés par le calcul soient trop petits.

D'un autre côté, les eaux portées par chaque répartiteur ne s'écouleront pas en entier par son extrémité, ainsi que nous l'avons supposé. L'espace à parcourir diminuera successivement, puisque les tuyaux de service se trouvent répartis sur toute leur longueur. Cette circonstance doit ajouter encore à notre sécurité, et faire espérer que les causes qui tendent à diminuer le produit des conduites ne rendront la distribution ni moins prompte ni moins sûre.

Le service des particuliers devant avoir lieu dans les 12 heures de jour, celui des bornes-fontaines, dans toutes les rues où il n'y aura pas de conduites d'eau de l'Ourcq, pourra se faire dans les 12 heures de nuit. Il ne faut que très peu de temps pour les ouvrir et les fermer : de manière qu'on obtiendra un

les eaux à la hauteur de 37 à 40 mètres; et dans ce cas même peut-être ne serait-il pas convenable de les adopter, parce qu'il en résulterait des diamètres trop petits pour les répartiteurs et les tuyaux de service.

3..

écoulement continu pendant une durée de temps suffisante pour effectuer le lavage de ces rues, rafraîchir l'atmosphère, et réunir tous les avantages que l'on doit désirer dans l'intérêt de la salubrité.

La dépense de cette partie du service public se trouvera réduite à l'établissement des bornes-fontaines et des branchemens sur les tuyaux de service, c'est-à-dire que la ville rentrera dans la classe des habitans, qui tous ont besoin de supporter ces frais pour obtenir une concession.

Les fontaines monumentales seront exclusivement alimentées par les eaux de l'Ourcq avec d'autant plus d'abondance, que des érogations particulières ne tendront pas à diminuer le volume d'eau que les conduites seront destinées à porter.

Nous allons présenter encore une application de nos formules à la détermination du diamètre de la conduite des Tuileries et du faubourg Saint-Germain.

Cette conduite s'embranchera sur l'acqueduc de ceinture, suivra les rues de Clichy, Saint-Lazare, du Mont-Blanc, les boulevarts des Capucines et de la Madeleine, la rue Royale et la place Louis XV, jusqu'à l'entrée des Tuileries par le pont tournant, et se prolongera sur la rive gauche jusqu'à la place de Breteuil (*).

Elle portera 600 pouces, distribués ainsi qu'il suit :

(*) Nous adoptons ce parti pour cette seule conduite, parce que la charge motrice étant considérable, il ne faut pas augmenter de beaucoup ses dimensions pour lui faire porter le

NUMÉROS DES BRANCHEMENS.	DÉSIGNATION.	LONGUEUR DES BRANCHEMENS.	CUBE D'EAU À DÉBITER.	DISTANCES interceptées SUR LA CONDUITE.	CHARGES MOTRICES, l'eau dégorgeant à 6m au-dessus du sol.	OBSERVATIONS
		mèt.	kilol.	(a)	m.	
1	De la fontaine du boulevart des Capucines............	25	1919	1495	8,06	(a) Cette distance est comptée à partir de l'aqueduc de ceinture.
2	De la fontaine de la place de la Madeleine............	150	1919	665	9,18	
3	Du jardin des Tuileries............	650	3839	590	8,10	
4	De la fontaine de Grenelle............	660	1919	1000	10,69	
5	De la fontaine de Breteuil............	25	1919	921	8,78	
		1510	11515	4671		

Nous supposerons que l'écoulement a lieu pendant
les 24 heures, soit pour le service des fontaines monumentales, soit pour celui des bornes-fontaines.

11515 kilol. en 24 heures font par seconde $0,133276 = Q$,

$\qquad$ 1919 .... *idem* .... $0,022211 = q'$,

$\qquad$ 1919 .... *idem* .... $0,022211 = q''$,

$\qquad$ 3839 .... *idem* .... $0,044432 = q'''$,

$\qquad$ 1919 .... *idem* .... $0,022211 = q^{\text{IV}}$,

$\qquad$ 1919 .... *idem* .... $0,022211 = q^{\text{V}}$;

volume d'eau nécessaire pour alimenter la fontaine de la rue
de Grenelle, et celle de la place de Breteuil.

Quant au développement de la conduite sur la rive gauche,
il est à peu près le même que si elle partait de la pompe
à feu.

d'où

$$Q \dots\dots\dots\dots\dots\dots = 0,133276,$$
$$Q - q' \dots\dots\dots\dots\dots = 0,111065,$$
$$Q - q' - q'' \dots\dots\dots = 0,088854,$$
$$Q - q' - q'' - q''' \dots\dots = 0,044422,$$
$$Q - q' - q'' - q''' - q^{\mathrm{iv}} \dots = 0,022211.$$

D'après le tableau

$$\lambda = 1495, \; \lambda' = 665, \; \lambda'' = 590, \; \lambda''' = 1000, \; \lambda^{\mathrm{iv}} = 921,$$

nous en conclurons

$$Q^2\lambda \dots\dots\dots\dots\dots = 26,5520,$$
$$(Q - q')^2\lambda' \dots\dots\dots\dots = 8,2023,$$
$$(Q - q' - q'')^2\lambda'' \dots\dots = 4,6581,$$
$$(Q - q' - q'' - q''')^2\lambda''' \dots = 1,9733,$$
$$(Q - q' - q'' - q''' - q^{\mathrm{iv}})^2\lambda^{\mathrm{iv}} \dots = 0,45436.$$

Le diamètre du cinquième branchement sera donné par la formule.

$$d^{\mathrm{v}5} = \frac{q^{\mathrm{v}2}D^5L^{\mathrm{v}}}{C^2D^5(Z-z^{\mathrm{v}}) - [Q^2\lambda + (Q-q')^2\lambda' + (Q-q'-q'')^2\lambda'' + (Q-q'-q''-q''')^2\lambda''' + \text{etc.}]}.$$

Ici la quantité $Z - z^{\mathrm{v}}$, qui exprime la charge motrice, est connue, puisque le niveau de l'eau dans l'aqueduc de ceinture est constant. Il n'y a donc d'indéterminé dans le second membre de l'équation que D. En faisant les substitutions, on voit que pour que le dénominateur soit positif, il faut que D soit plus grand que 0,40368. En le faisant égal à 0,41, on trouve successivement

$$d' = 0,00935,$$
$$d'' = 0,14735,$$
$$d''' = 0,37005,$$
$$d^{iv} = 0,19478,$$
$$d^{v} = 0,13486.$$

On déterminera, par des calculs semblables, les diamètres de toutes les conduites principales qui restent à poser.

Voici le tableau général des conduites du service public et de leurs branchemens.

NUMÉROS DES CONDUITES.	DÉSIGNATION des rues qu'elles doivent PARCOURIR.	LONGUEUR DES CONDUITES	DIAMÈTRES.	Charge, les eaux dégorgeant à 6m. au-dessus du sol.	VOLUME D'EAU A DÉBITER.	OBSERVATIONS
1	Conduite S.-Denis et des Halles.	mètres. 2122	mètres. 0,25	mètres. 5,785	pouces. 200	Cette conduite est posée.
	Elle suit la galerie Saint-Laurent, l'égout du Ponceau, celui de la rue Saint-Denis, et se termine à la fontaine des Innocens.					
2	Conduite du Parvis-Notre-Dame	3000	0,25	9,82	200	Cette conduite est posée jusqu'à la fontaine du Ponceau, sur une longueur de 1068m.
	Elle suit la galerie S.-Laurent, l'égout du Ponceau, l'aqueduc de la rue S.-Denis, la place du Châtelet, le quai de Gèvres, le pont Notre-Dame, la rue de la Juiverie et celle Neuve-Notre-Dame jusqu'au Parvis.					
3	Conduite du château d'eau de Bondy. . .	1329	0,25	6,243	200	Cette conduite est posée.
	Elle suit la galerie S.-Laurent, le grand égout et la galerie du Wauxhall.					
4	Conduite de la place Royale.	2908	0,25	11,35	100	Cette conduite et le branchement sont posés.
	Elle suit la galerie S.-Laurent et le grand égout.					
	Branchement des réservoirs S.-Victor. .	1842	0,25	3,943	100	
5	Conduite Bonne-Nouvelle.	1304	0,32	3,24	200	Reste à établir la fontaine.
	Elle suit la rue du faubourg Poissonnière, depuis l'aqueduc de ceinture jusqu'au boulevart.					
6	Conduite du Louvre.	2780	0,32	10	200	Cette conduite et le branchement sont à poser.
	Elle suit la galerie des Martyrs, des rues du faubourg Montmartre, J.-J.-Rousseau, de Grenelle, du Coq et la place du Louvre.					
	Branchem. de la fontaine de la Bourse. .	300	0,14	10	100	
		15585			1300	

NUMÉROS DES CONDUITES.	DÉSIGATION des rues qu'elles doivent PARCOURIR.	LONGUEUR DES CONDUITES,	DIAMÈTRES.	Charge, les eaux dégorgeant à 6m. au-dessus du sol.	VOLUME D'EAU A DÉBITER.	OBSERVATIONS
		mètres.	mètres.	mètres.	mètres.	
	Report............	15585	....	....	1300	
7	Conduite du Palais-Royal............	2661	0,25	11,30	200	Cette conduite est posée.
	Elle suit la galerie des Martyrs, l'égout de la rue Montmartre, la galerie du Mail, la rue Montpensier jusqu'au jardin.					
8	Conduite du Carrousel...............	2555	0,32	9,09	300	Reste à poser.
	Elle suit la galerie des Martyrs, les rues du faubourg Montmartre, Grange-Batelière, de Richelieu, de Rohan et la place du Carrousel.					
9	Conduite S.-Georges.	472	0,108	5,676	100	Cette conduite est posée.
	Elle s'embranche sur l'aqueduc de ceinture, suit les rues Pigale, Laroche-Foucault, de la Bruyère et Neuve-Saint-Georges jusqu'à la fontaine.					
10	Conduite de la rue Blanche..........	847	0,25	11,73	100	*Idem.*
	Elle s'embranche sur l'aqueduc de ceinture et descend jusqu'à la rue Saint-Lazare, n° 76 (*bis.*)					
11	Conduite des Tuileries.	4671	0,41	....	....	Cette conduite et ses branchemens sont à poser.
	Elle s'embranche sur l'aqueduc de ceinture, suit les rues de Clichy, Saint-Lazare, du Mont-Blanc, les boulevarts des Capucines et de la Madeleine, la rue Royale et la place Louis XV jusqu'à l'entrée des Tuileries par le pont tournant, et se prolonge ensuite sur la rive gauche de la Seine jusqu'à la place de Breteuil.					
	Branchement de la rue de la Paix.........	25	0,108	8,06	100	
		26816			2100	

NUMÉROS DES CONDUITES.	DÉSIGNATION des rues qu'elles doivent PARCOURIR.	LONGUEUR DES CONDUITES.	DIAMÈTRES.	Charge, les eaux dégorgeant à 6m. au-dessus du sol.	VOLUME D'EAU À DÉBITER.	OBSERVATIONS
		mètres.	mètres.	mètres.	mètres.	
	Report........	26816	.. ,	....	2100	
	Branchement de la place de la Madeleine	150	0,19	9,18	100	
	Idem du jardin des Tuileries.........	650	0,37	8,10	200	
	Idem de la fontaine de la rue Grenelle..	660	0,19	10,69	100	
	Idem de la fontaine Breteuil.........	25	0,14	8,78	100	
12	Conduite des Champs-Elysées..........	1630	0,32			Cette conduite et ses branchemens sont à poser.
	Elle part du regard de Mouceau, à l'extrémité de l'aqueduc de ceinture, suit les murs d'enceinte de la ville, la rue de Miroménil, et l'avenue de Marigny jusqu'à celle des Champs-Élysées.					
	Branchem. du rond-point de l'Etoile...	300	0,22	11,62	200	
	Idem de la place Louis XV............	600	0,24	12,00	200	
13	Conduite S.-Antoine.	3240	0,40			Cette conduite et ses branchemens sont à poser.
	Elle part du bassin de la Villette, suit les murs extérieurs de la ville jusqu'à la barrière du Combat et les rues de l'hôpital S.-Louis, S.-Maur, des Amandiers, Popincourt et de la Roquette jusqu'à la fontaine de la place de la Bastille.					
	Branchement de l'hôpital S.-Louis.....	50	0,16	4,754	100	
	Idem de Ménilmontant............	50	0,37	6,93	100	
	Idem des Filles-du-Calvaire.........	1000	0,33	8,02	200	
	Idem de la place de la Bastille.........	1260	0,37	9,00	200	
		36431			3600	

En réunissant dans un même tableau les deux services, nous aurons pour l'ensemble de la distribution générale :

DÉSIGNATION.	POPULATION et fontaines	VOLUME d'eau à distribuer exprimé en pouces (a)		Hauteur à laquelle les eaux seront élevées par des machines.	DURÉE du service, exprimée en heures. (b)		OBSERV.
		Seine.	Ourcq.		Seine.	Ourcq.	
Service particulier.							(a) La consommation individuelle est de 36 litr. par jour : ce qui fait 1400 pouces environ pour 740 mille habitans. On suppose qu'il sera employé 1000 pouces d'eau de Seine et 400 pouces d'eau de l'Ourcq.
Rive droite...	504.500 {	550	200	20^{m}	12^{h}	12^{h}	
		»	200	»	»	12	
Rive gauche..	235.500 {	380	»	20	12	»	
		70	»	40	12	»	
Service public.							(b) Le service des concessions particulières et celui des fontaines monumentales auront lieu pendant les 12 heures du jour. Le service des bornes-fontaines se fera pendant les 12 heures de nuit.
Rive droite... { Bornes-fontaines.		550	200	20	12	12	
		»	200	»	»	12	
{ Fontaines monumentales et bornes-fontaines.		»	2800	»	»	24	
Rive gauche.. { Bornes-fontaines.		380	»	20	12	»	
		70	»	40	12	»	
{ Fontaines monumentales et bornes-fontaines.		»	400	»	»	24	
		2000	4000				

Si nous multiplions le nombre de pouces à élever par 19,1953 et par les hauteurs respectives, nous aurons le nombre d'unités dynamiques à développer, ci.......................... 975,121^{unités}

Divisant par 6480, nous aurons le nombre de chevaux de vapeur......   150$^{ch.}$

Or, la ville possède déjà des machines représentant 35 chevaux de vapeur; reste à établir un ensemble de machines de la force de...............   115,
Dont

Pour le service particulier........   75,
Pour le service public............   45.

Si la ville ne voulait pas disposer de 1000 pouces d'eau de Seine que nous destinons au service public, on n'établirait de machines que pour élever les 1000 pouces destinés à satisfaire les besoins des particuliers; et, comme leur distribution doit avoir lieu pendant les 12 heures de jour, tandis que les machines fonctionneraient pendant 24 heures, il devient alors nécessaire de recueillir dans des réservoirs l'eau qui serait élevée pendant les 12 heures de nuit.

5. *Évaluation des dépenses d'établissement.*

Nous allons faire précéder l'évaluation des dépenses, des états des ouvrages à exécuter, tant pour le service particulier que pour le service public.

SERVICE PARTICULIER.

DÉSIGNATION DES OUVRAGES.	LONGUEUR des tuyaux.	DIAMÈTRES.	ROBINETS.	OBSERVATIONS
Tuyaux alimentaires et de ceinture....................	m. 19,554	c. 0,50	8	Les diamètres des conduites ont été calculés d'après les formules ; seulement, on a pris des diamètres moyens pour les tuyaux répartiteurs et sous - répartiteurs.
Répartiteurs et sous-répartiteurs.	80,388	0,25	140	
Tuyaux de service............	120,020	0,14	450	
Idem....................	266,502	0,108	1401	
3 réservoirs capables de contenir ensemble 12000 kil.				
7 machines à vapeurs de la force ensemble de 75 chevaux.				

SERVICE PUBLIC.

DÉSIGNATION DES CONDUITES.	DIAMÈTRES.	LONGUEURS dans terre.	DANS DES GALERIES construites.	à construire.	dans égouts.	TOTALES.	ROBINETS.
Conduite du parvis N.-Dame.	0,25	3000	»	»	»	3000	5
Conduite du Louvre........	0,32	900	770	»	1110	2780	1
Branchement de la Bourse...	0,14	300	»	»	»	300	11
Conduite du Carrousel......	0,32	1635	770	»	150	2555	3
Conduite des Tuileries.......	0,41	4471	»	200	»	4671	3
Branchement de la rue de la Paix....................	0,108	25	»	»	»	25	2
Idem de la place de la Madeleine....................	0,19	150	»	»	»	150	2
Idem du jardin des Tuileries....................	0,37	650	»	»	»	650	1
Idem de la fontaine de Grenelle....................	0,19	660	»	»	»	660	3
Idem de la place de Breteuil.	0,14	25	»	»	»	25	3
Conduite des Champs-Elysées.	0,32	1230	»	400	»	1630	1
Branchement de l'Etoile.....	0,22	300	»	»	»	300	3
Idem de la place Louis XV ..	0,25	600	»	»	»	600	9
Conduite Saint-Antoine.....	0,40	2280	»	960	»	3240	1
Branchement de l'hôpital Saint-Louis....................	0,19	50	»	»	»	50	1
Idem de Ménilmontant......	0,37	50	»	»	»	50	1
Idem du boulevart des Filles-du-Calvaire..............	0,32	975	»	25	»	1000	3
Idem de la place de la Bastille.	0,37	1260	»	»	»	1260	3

PRIX DE CONDUITES ET ROBINETS.

DIAMÈTRES.	PRIX du mètre courant.	PRIX des robinets correspondans à la conduite.	OBSERVATIONS.
0,50	125^f. »	2400^f. »	
0,41	85 »	1400 »	
0,37	79 »	1200 »	
0,32	65 »	850 »	
0,25	49 »	700 »	
0,22	41 »	600 »	
0,19	36 »	500 »	
0,14	25 »	400 »	
0,108	18 »	300 »	

Dépenses d'établissement.

SERVICE PARTICULIER.

19.554 mètres courans de tuyaux de 0,50 de diamètre, à 125^f· le mètre...... 2,444,250^f·

80.388 *idem*..... 0,25^c· .... à 49^f·.. 3,939,012

120.020 *idem*..... 0,14^c· .... à 25^f.. 3,500,000

246.512 *idem*..... 0,108^c·.... à 18^f·.. 4,437,216

8 rob. sur cond. de 50^c·.... à 2400^f·.. 19,200

140 *idem*...... 0,25^c·.... à 700^f·.. 98,000

450 *idem*...... 0,14^c·.... à 400^f·.. 180,000

1.401 *idem*...... 0,108^m·... à 300^f·.. 420,000

3 réservoirs capables de contenir ensemble 12000 kilolitres.......... 300,000

7 machines à vapeur de la force ensemble de 75 chevaux.................. 400,000

            15,737,678^f·

Dépenses imprévues........ 62,322

     Total........ 15,800,000^f·

SERVICE PUBLIC.

Conduite du parvis Notre-Dame.

1.932ᵐ· cour. de cond. de 0,25ᶜ· de diam. à 69ᶠ·.	94,668ᶠ·
5 robinets sur cette conduite à 700ᶠ·....	3,500

Conduite du Louvre.

2.780ᵐ· cour. de cond. de 0,32ᶜ· de diam. à 65ᶠ·.	180,700
300 *idem*. .... 0,14ᶜ· ...... à 25ᶠ·.	7,500
1 rob. sur la cond. de 0,32ᶜ· ...... à 850ᶠ·.	850
11 *idem*. .... 0,14ᶜ· ...... à 400ᶠ·.	4,500

Conduite du Carrousel.

2.555ᵐ· cour. de cond. de 0,32ᶜ· de diam. à 65ᶠ·.	166,075
3 robinets sur cette conduite à 850ᶠ·......	2,550

Conduite des Tuileries.

Galerie de la rue de Clichy de 200ᵐ· de longueur à la prise d'eau.	50,000
4.671ᵐ· cour. de cond. de 0,41ᶜ· de diam. à 85ᶠ·.	397,035
650 *idem*. .... 0,37ᶜ· ..... à 79ᶠ·.	51,350
810 *idem*. .... 0,19ᶜ· ..... à 36ᶠ·.	29,160
25 *idem*. .... 0,14ᶜ· ..... à 25ᶠ·.	625
25 *idem*. .... 0,108ᶠ·..... à 18ᶠ·.	450
3 rob. sur cond. de 0,41ᶜ· ... à 1400ᶠ·.	4,200
1 *idem*. .... 0,37ᶜ· ... à 1200ᶠ·.	1,200
5 *idem*. .... 0,19ᶜ· ... à 500ᶠ·.	2,500
3 *idem*. .... 0,14ᶜ· ... à 400ᶠ·.	1,200
2 *idem*. .... 0,108ᶠ·... à 300ᶠ·.	600

Conduite des Champs-Élysées.

Galerie de 400ᵐ· de longueur à la prise d'eau...	100,000
1630ᵐ· cour. de cond. de 0,32ᶜ· de diam. à 65ᶠ·.	105,950
600 *idem*. .... 0,25ᶜ· .... à 49ᶠ·.	29,400
Total.......	1,234,013ᶠ·

Suite de la galerie des Champs-Élysées.

Report........	1,234,013^{f.}
3oo^{m.} cour. de cond. de o,22^{c.} de diam. à 41^{f.}.	12,3oo
1 robin. sur cond. de o,32^{c.} ...... à 85o^{f.}.	85o
9 *idem*.......... o,25^{c.} ...... à 7oo^{f.}.	6,3oo
3 *idem*.......... o,22^{c.} ...... à 6oo^{f.}.	1,8oo

Conduite Saint-Antoine.

Galerie de 96o^{m.} de longueur à partir du bassin de la Villette.	155,ooo
3.24o^{m.} cour. de cond. de o,4o^{c.} de diam. à 85^{f.}.	275,4oo
1.31o *idem*.......... o,37^{c.}........ à 79^{f.}.	1o3,49o
1.ooo *idem*.......... o,32^{c.}........ à 65^{f.}.	65,ooo
5o *idem*.......... o,19^{c.}........ à 36^{f.}.	1,8oo
1 robin. sur cond. de o,4o^{c.} à 14oo^{f.}......	1,4oo
4 *idem*.......... o,37^{c.} à 12oo^{f.}.....	4,8oo
3 *idem*.......... o,32^{c.} à 85o^{f.}.....	2,55o
1 *idem*.......... o,19^{c.} à 5oo^{f.}.....	5oo
2.766^{m.} courans de tuyaux de o,14^{c.} pour branchemens de fontaines simples à 25^{f.}..	69,15o
3o robinets posés sur ces branchemens à 4oo^{f.}...........................	12,ooo
935^{m.} courans de tuyaux de o,14^{c.} pour lavoirs et abreuvoirs à 25^{f.}..........	24,125
14 robinets à 4oo^{f.}....................	5,6oo
955 bornes-fontaines à 75o^{f.}......	696,75o
Machine de la force de 45 chevaux...........	2oo,ooo
	2,872,828^{f.}
Dépenses imprévues.........................	27,172
Total..........	2,9oo,ooo^{f.}

Récapitulation.

Service particulier........... 15,800,000^{fr.}

Service public............... 2,900,000

Total général...... 18,700,000.

Cette somme s'applique à la distribution de 6000 pouces d'eau, dont 1400 pouces affectés au service particulier et 4600 au service public.

6. *Dépenses annuelles.*

Pour calculer les dépenses annuelles, supposons

1°. Que la durée des travaux est fixée à cinq ans;

2°. Que l'avance des fonds sera faite en soixante paiemens mensuels;

3°. Que l'on pourra jouir au bout de chaque année des travaux exécutés pendant la campagne.

SERVICE PARTICULIER.

Le montant des avances étant de 15,800,000 fr. les versemens mensuels et les intérêts cumulés à raison de 8 pour $\frac{0}{0}$, produisent un capital de 16,412,000,

Dont l'intérêt constitue à la fin des travaux une dépense annuelle de............... 1,312,960

Frais d'entretien des conduites et autres ouvrages, 1 pour $\frac{0}{0}$...... 158,000

Frais de combustible pour élever 1270 pouces d'eau à 20^m,00 de hauteur........................... 87,760

Frais d'administration, personnel, etc........................... 100,000

Total........ 1,658,720.

4

SERVICE PUBLIC.

Le montant des avances faites étant de 2,900,000 f.,
les versemens mensuels et les intérêts cumulés à raison
de 8 pour $\frac{o}{o}$, produisent un capital de 3,012,350 fr.,

Dont l'intérêt constitue à la fin des travaux une
dépense annuelle de   240,988

Frais d'entretien des conduites et
autres ouvrages à terminer, 1 pour $\frac{o}{o}$.   29,000

Frais d'entretien des ouvrages
existans, dont la valeur est fixée à
9,500,000 fr., à raison de 1 pour $\frac{o}{o}$.   95,000

Frais de combustible pour élever
1000 pouces d'eau à 20^m,00 de hauteur   87,760

Frais d'administration, person-
nel, etc.   20,000

Total . . . . .   <u>472,778.</u>

Récapitulation.

Service particulier   1,568,620
Service public   472,748

Total . . . . .   2,131,468.

Pour se couvrir de cette dépense, la compagnie
concessionnaire des eaux jouira :

1°. Du produit de la vente de 1400 pouces affectés
aux concessions particulières ;

2°. Du montant des remises qui lui seront faites
par l'administration pour la fourniture de 1000
pouces d'eau destinés au service public, pour l'exé-

cution des ouvrages à faire, pour l'établissement des conduites qui s'appliquent au même service, et pour l'entretien tant de ces ouvrages que de ceux existans.

Ces remises pourront avoir lieu, soit en argent, soit en eau dérivée du bassin de la Villette pour alimenter des concessions particulières. Quelques-unes existent déjà ; et l'on doit présumer qu'elles se multiplieront, surtout si l'on établit une grande différence entre le prix des eaux de Seine et celui des eaux de l'Ourcq.

Les eaux de Seine se vendent aux fontaines marchandes à raison de 0,09^f l'hectolitre : ce qui ferait revenir le pouce à 6570^f, et les 1000 pouces à distribuer à 6,570,000.

Mais on ne peut pas partir de cette base, parce qu'on se restreint maintenant au pur nécessaire, et qu'on ne trouverait pas à placer les 1000 pouces à ce prix.

On se rapprocherait davantage de la vérité en supposant que chaque ménage consentira à prendre l'approvisionnement complet à domicile, moyennant que la dépense actuelle n'en sera pas augmentée. On peut établir qu'un ménage de six individus se borne aujourd'hui à l'usage d'une voie d'eau, qui coûte 0,10^c. Les 216 litres, formant l'approvisionnement complet, étant livrés à ce prix, feraient revenir le pouce à 3358^f et les 1000 pouces à 3,358,000^f.

Il y a 27000 maisons à Paris ; l'abonnement de chacune d'elles serait donc de 174^f.

En prenant ce terme pour *maximum*, on voit que la Compagnie pourrait opérer encore une réduction de moitié, et s'assurer néanmoins un intérêt de plus de 8 pour $\frac{o}{o}$ de ses avances.

Les eaux de l'Ourcq se vendent à raison de 0,0137 l'hectolitre, ou de 1000ᶠ le pouce. Cette évaluation pourrait encore être diminuée.

La distribution des eaux de Seine se fait maintenant au moyen d'un système de conduites dont nous proposons successivement la suppression; mais les tuyaux pourront resservir en partie, et, dans tous les cas, ils devront au moins être repris comme vieille fonte et comme vieux plomb.

La longueur de ces conduites est de 70606 mètres; savoir :

EN FER.

De 0,59 à 0,11ᵉ de diamètre　18,553ᵐ ⎫
De 0,095 à 0,027 , ...　5,431　⎬ 23,984ᵐ

EN PLOMB.

De 0,325 à 0,11ᵉ de diamètre　15,885 ⎫
De 0,095 à 0,027 . . . . . .　30,737 ⎬ 46,622
Total . . . .　70,606.

En ne comptant que le poids des fontes et les évaluant comme vieilles fontes, on a pour le prix des premières . . . .　318,600
Le prix des secondes est de . . . . .　578,104
Total de la reprise . . . .　896,704.
Dont l'intérêt, au taux fixé, est de .　71,736.
Nous avons vu que le montant de la dépense annuelle à faire pour le service public était de　472,748
Retranchant . . . .　71,736
Reste à payer . . . . . .　401,012

Ce qu'on peut faire par l'abandon des 400 pouces d'eau de l'Ourcq, que nous avons supposé devoir alimenter les quartiers de Montmartre et de Ménil-montant.

Au reste, on pourrait faire porter sur cette somme le rabais à faire par la Compagnie pour obtenir la préférence; et l'on doit être sûr que la ville n'aurait plus à solder aucune remise argent dans très peu de temps, et que le service public resterait assuré.

Il serait peut-être même convenable d'assurer à la Compagnie un intérêt de 5 pour $\frac{o}{o}$, et d'insérer alors la clause que lorsqu'elle aurait prélevé sur les bénéfices un intérêt de 8 à 10 pour $\frac{o}{o}$ de ses avances, elle partagera le surplus avec la ville de Paris, ou que, de concert avec elle, on réduira le taux de l'abonnement, pour que les particuliers ne soient pas exposés à subir une espèce de monopole de la distribution.

Les établissemens de charité surtout doivent être gratifiés de toute l'eau dont ils ont besoin, si les bénéfices représentent un intérêt qui dépasse le taux ordinaire.

Conclusion.

Nous avons reconnu la nécessité de fournir de l'eau de Seine aux particuliers. Elle résulte de la qualité des eaux de l'Ourcq, ou du moins de l'opinion qu'on en a généralement, de l'incertitude de l'arrivée régulière de ces eaux, et de la convenance de réserver les 4000 pouces dont la ville peut disposer pour les fontaines publiques.

Nous avons ensuite évalué la quantité probable des concessions et le volume d'eau de Seine à distribuer, en prenant pour base les besoins à satisfaire et les résultats de l'expérience. La consommation de chaque individu peut se fixer à 36 litres par jour, et la consommation totale à 1400 pouces, à raison d'une population de 740000 habitans.

Les eaux de la Seine suivent naturellement les points les plus bas de la vallée sur les flancs de laquelle la ville est bâtie. Il faudra les élever en faisant usage de machines à vapeur, et les porter au centre des quartiers à desservir. Dans cette supposition, la configuration du sol exerce une grande influence sur le mode de distribution ; et du principe fondamental qu'il faut chercher à économiser l'élévation de l'eau, résulte pour Paris la convenance de plusieurs réservoirs à des hauteurs différentes. Les diamètres des tuyaux dépendent de la position des réservoirs : de telle sorte qu'il existe une loi qui lie ces deux élémens ; et suivant le rapport qu'on établira entre eux, on pourra rendre la dépense plus ou moins considérable.

Ceci nous a conduit à étendre la formule de M. de Prony, qui représente les phénomènes de l'écoulement de l'eau dans un tuyau droit ou courbe, au cas où plusieurs tuyaux secondaires s'embranchent sur une conduite principale, et se ramifient ensuite pour desservir les concessions particulières.

Nos formules montrent que le problème est indéterminé.

En diminuant les exhaussemens des réservoirs entre

des limites qui se déduisent de considérations particulières, il en résulte des accroissemens successifs
dans les diamètres des tuyaux; et calculant la dépense de tout le système qui correspond à chaque
hypothèse, on pourra trouver le rapport qui donne
un maximum d'avantages.

Nous avons fait l'application de cette théorie à la
recherche du meilleur système de distribution d'eau
de Seine dans Paris; et nous avons été porté à considérer deux plans d'eau ou réservoirs, situés, l'un à
$20^m,00$ au-dessus du point zéro de l'échelle d'étiage
du pont de la Tournelle, et l'autre à 40 mètres au-
dessus du même niveau; à donner 50 centimètres de
diamètre aux tuyaux de ceinture, de 0,32 à 0,20 centimètres de diamètre aux répartiteurs, de 0,14 à
0,108 aux tuyaux de service, et de $0,02^e$ à $0,04^e$ aux
tuyaux des particuliers.

La dépense d'établissement s'élève à la somme
de 15,800,000
Et le dépense annuelle à . . . . 1,658,720.

La distribution des 4000 pouces d'eau de l'Ourcq
destinés au service public se fera par des conduites
indépendantes, qui, partant de l'aqueduc de ceinture
ou du bassin de la Villette, se porteront directement
en suivant des galeries souterraines et des égouts,
sur les places où doivent être situées les fontaines
monumentales. On fera sur ces conduites principales
les différens branchemens destinés à porter les eaux
au point culminant de chaque rue, pour en opérer
l'arrosement et le lavage.

La dépense d'établissement est de . . 2,900,000

La dépense annuelle de 472,748

Sur la rive gauche, la plupart des branchemens seront pratiqués sur les conduites d'eau de Seine, puisqu'il n'y aura que trois fontaines monumentales d'alimentées par les eaux de l'Ourcq; et l'on n'aura qu'un seul système pour le service particulier et le service public.

Sur la rive droite, on pourra faire également quelques branchemens sur les conduites d'eau de Seine, lorsque celles de l'Ourcq seront trop éloignées.

Comme aussi, il paraîtra peut-être convenable d'alimenter exclusivement avec les eaux de l'Ourcq plusieurs quartiers situés au-dessus du plan de niveau fixé à 20 mètres au-dessus du zéro de l'échelle du pont de la Tournelle, et qui comprennent les points les plus élevés des collines de Chaillot, Montmartre, Ménilmontant et Bercy.

En un mot, les eaux de Seine et les eaux de l'Ourcq seront distribuées séparément; mais le choix de leur destination, soit au service des particuliers, soit au service public, ne dépendra pas uniquement de la nature de ces eaux, mais bien encore de la considération de la dépense.

Le projet que nous avons rédigé d'après ces principes, est celui qui nous paraît le mieux concilier les lois de l'économie et celles d'une abondante distribution, sans rien changer à l'ensemble des travaux exécutés jusqu'à ce jour.

FIN.